SUR GRIN VOS CONNAISSANCES
SE FONT PAYER

AF138364

- Nous publions vos devoirs
  et votre thèse de bachelor et master

- Votre propre eBook et livre –
  dans tous les magasins principaux du monde

- Gagnez sur chaque vente

Téléchargez maintentant sur www.GRIN.com
et publiez gratuitement

Des Plantes Aromatiques et Médicinales (PAM). Valorisation dans la Cosmétologie

Amal Ait Amar

Bibliographic information published by the German National Library:

The German National Library lists this publication in the National Bibliography; detailed bibliographic data are available on the Internet at http://dnb.dnb.de.

ISBN: 9783346606563
This book is also available as an ebook.

Print and binding: Books on Demand GmbH, Norderstedt, Germany
Printed on acid-free paper from responsible sources.

The present work has been carefully prepared. Nevertheless, authors and publishers do not incur liability for the correctness of information, notes, links and advice as well as any printing errors.

GRIN web shop: https://www.grin.com/document/1180558

Département de Chimie

Licence Professionnelle ANALYSE CHIMIQUE ET QUALITE

LP- ACQ - PROLACQ

MEMOIRE DU MODULE ETUDE DE CAS DE PROJET ANALYTIQUE

Valorisation des plantes aromatiques et médicinales (PAM) dans la cosmétologie

Présenté par : Amal AIT AMAR

Soutenu le 22 Juin 2020

Année scolaire : 2019/2020

REMERCIEMENT

Ce travail s'est déroulé au LABORAOIRE DERMOCOSMETIQUE IRCOS.

Je tiens tout d'abord à remercier Monsieur KHALID BITAR, directeur De IRCOS pour m'avoir accueilli au sein du Laboratoire. Je remercie également Mme KAOUKABI ASMA en tant qu'encadrante de stage, pour m'avoir confié ce travail, guidé tout au long de ce stage, pour toutes ses explications qui ont permis une meilleure compréhension. Et je remercie également M. MAHROUZ, M. MERRIOUA, M. ELADNANY, M. MOURJANE, et M. HASSOUNE de m'avoir fait bénéficier de vos compétences dans le domaine et pour avoir contribué à la qualité de ce rapport.

Je tiens à exprimer toute ma reconnaissance à mon encadrant pédagogique M. ROMANE Abderrahmane et je le remercie de m'avoir encadré, orienté, aidé et conseillé.

De même, je remercie mon professeur M. DAOUD Mohamed d'avoir accepté d'examiner ce travail. Je désir aussi remercier tous mes professeurs universitaires de nous avoir fourni les outils nécessaires à la réussite de nos études universitaires.

Je voudrais exprimer mes reconnaissances envers mes chers parents de leur soutien et leur accompagnement tout au long de ma vie.

A tous ces intervenants, je présente mes remerciements, mon respect et ma gratitude.

SOMMAIRE

Chapitre III : Recherche & innovation

INTRODUCTION

Le Maroc, de par sa situation géographique, constitue un cadre naturel tout à fait original, offrant une gamme complète de bioclimats méditerranéens, favorisant une flore riche et variée avec un endémisme très marquée [1].

Les plantes aromatiques et médicinales connues par leurs propriétés biologiques intéressantes sont utilisées dans divers domaines à savoir en médecine, en pharmacie, en cosmétologie et en agriculture. Les activités biologiques des plantes aromatiques et médicinales sont connues depuis l'antiquité. Toutefois, il aura fallu attendre le début du 20ème siècle pour que les scientifiques commencent à s'y intéresser. Il existe aujourd'hui approximativement 3000 huiles, dont environ 300 sont réellement commercialisées, destinées principalement à l'industrie des arômes et des parfums. [2]

Pour ces raisons, l'étude de ces plantes en vue de leurs applications à la santé humaine demeure une tâche intéressante et utile.

Dans ce contexte, ce travail a pour objectif la valorisation de quelques plantes aromatiques et médicinales dans le domaine de la cosmétologie.

Le travail sera donc réparti en deux parties, initié par une recherche bibliographique sur quelques plantes aromatiques et médicinales, et deuxièmement une application utile qui consiste à des transformations de produits issus de sources naturelles en produits cosmétiques tout en suivant la démarche de l'entreprise mais en se basant sur l'innovation personnelle.

Chapitre I : Présentation de l'entreprise et revue bibliographique

I. Présentation d'IRCOS laboratoire

Fondé en 2000, basé à Marrakech la ville ocre, Le Laboratoire dermo-cosmétique IRCOS développe et commercialise, en étroite collaboration avec l'université de Ferrara en Italie. Depuis sa création, IRCOS a construit son activité sur des valeurs prônées par sa direction générale et adoptées par son personnel, qualité, esprit d'équipe et citoyenneté. Partenaire privilégié de grands laboratoires pharmaceutiques locaux, IRCOS s'engage à sous-traiter pour eux des produits répondant aux besoins et aux exigences de leurs patients et traitant toutes les peaux, même les plus sensibles et se consacre aussi pour la sous-traitance des produits de bien être pour les hôtels locaux, Les Riads, Les SPA, Showroom, et autres boutiques qui veulent faire leurs marques au niveau local et à l'étranger.

Note de l'éditeur : l'image a été supprimée pour des raisons de droits d'auteur.

Figure1 : IRCOS laboratoires Marrakech

IRCOS a créé deux marques **Botanika Marrakech** et **Silia** puisant leur force et leur originalité dans la richesse de l'huile d'argan combinée aux principes actifs issus des fruits, graines, bourgeons et fleurs aux propriétés hautement bénéfiques pour le soin de la peau et des cheveux.

1. Organigramme d'IRCOS

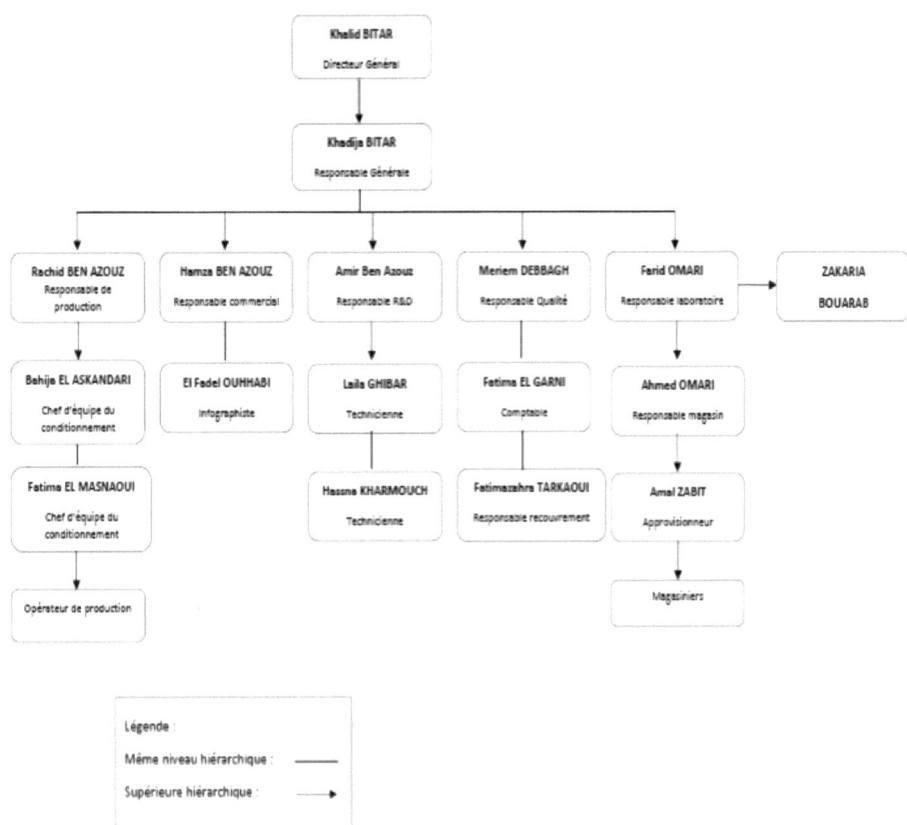

2. Les produits formulés

IRCOS produit un grand nombre de formules dermocosmétique, et essaye tous les jours de les développées et de les améliorées, voici une liste des produits fabriqués par IRCOS.

Produits Pharmaceutiques		<ul><li>Ecrans solaires</li><li>Produits d'hygiène intime</li><li>Bains de bouche</li><li>Crème cicatrisante</li><li>Crème pour brûlures</li><li>Crème érythème fessier</li><li>Gel rhumatisme</li><li>Crème hydratante</li><li>Gel hydro alcoolique pour les mains</li><li>Gel corporel nettoyant PH neutre</li></ul>
Visage		<ul><li>Démaquillant visage et yeux</li><li>Gommage</li><li>Eaux florales</li><li>Masque /Sérum</li></ul>
Hammam/Massage		<ul><li>Hammam/Massage</li></ul>
Bien être		<ul><li>Corps et cheveux : protégeant intensément la peau contre les agressions externes et les rayons du soleil</li></ul>
Ambiance		<ul><li>Ambiance : De la fraîcheur, du plaisir et du bien-être pour ce vaporisateur de parfum d'ambiance naturel</li></ul>
Les solaires		<ul><li>Les solaires : donne à la peau un éclat et une douceur inégalés.</li></ul>

Tableau1: produits formulés par IRCOS

II.   Etude bibliographique : Les plantes aromatiques et médicinales PAM

1. Définition des PAM [3]

Plusieurs définitions ont été données aux plantes aromatiques et médicinales (PAM). Dans la présente étude et pour éviter toute divergence dans la compréhension de certains mots clés, nous adoptons les définitions données par l'Organisation Mondiale de la Santé (OMS) :

- **Une plante médicinale** est une plante qui contient, dans un ou plusieurs de ses organes, des substances qui peuvent être utilisées à des fins thérapeutiques, ou qui sont des précurseurs de la chimio-pharmaceutique hémi-synthèse".

- **Les plantes aromatiques** sont des végétaux qui contiennent suffisamment de molécules aromatiques dans un ou plusieurs organes producteurs : feuilles, fleurs, tiges, fruits, écorces, racines etc.

2. PAM au Maroc

2.1 Principales PAM au Maroc [4]

Selon programme « **Stratégie nationale de développement des plantes aromatiques et médicinales spontanées** », le dernier recensement de la flore sauvage au Maroc en octobre 2015 donne environ **4200** espèces sauvages dont **600** espèces ont des vertus aromatiques ou médicinales et seulement **80** espèces qui sont exploitées.

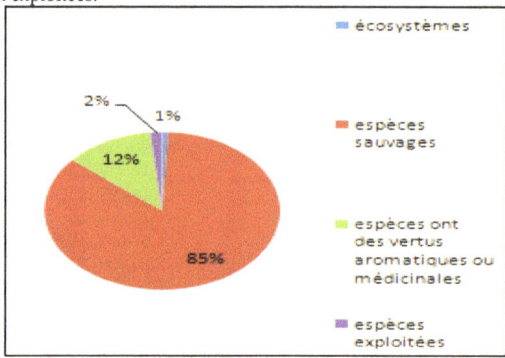

Figure 2 : la flore sauvage du Maroc

- **Principales PAM Spontanées [4]**

Les PAM spontanées représentent 75% de l'ensemble des PAM au Maroc, le tableau2 en annexe 1 regroupe une liste des principales espèces de PAM spontanées au Maroc qui consiste aux espèces suivantes : Le romarin, armoise blanche le thym, le laurier noble, La camomille sauvage, le caroubier et l'argan.

- **Principales PAM Cultivées [4]**

Cependant Les PAM cultivées au Maroc représentent 16%, parmi celles-ci nous trouvons en général le henné, la rose, le géranium, le jasmin, la verveine, la menthe et le safran (tableau3 en annexe 1).

2.2 Usages des PAM

L'activité liée aux PAM au Maroc se révèle riche et diversifiée, ce qui constitue un important atout pour l'établissement et le développement du secteur. Plusieurs produits y sont connus comme étant des produits typiquement marocains. Cela signifie que la profession d'exploitation des PAM au Maroc, malgré ses faiblesses, a réussi à introduire sur le marché international plusieurs produits nouveaux. [5] Parmi les formes d'utilisation des PAM au Maroc [4] nous avons les Plantes séchées (Herboristerie Aromates alimentaires Médecine alternative ou complémentaire), les Huiles essentielles et extraits aromatiques (Industrie pharmaceutique; cosmétique; parfumerie agro-alimentaire), les Plantes fourragères et mellifères.

2.3 Atouts & Contraintes du secteur des PAM

La richesse de la diversité naturelle et géographique du Maroc lui permet de produire une large famille d'espèces végétales. La filière des plantes aromatiques et médicinales (PAM) bénéficie de cette diversité avec la présence de pas moins 960 espèces endémiques. Un potentiel important qui le place en deuxième position dans le pourtour méditerranéen, après la Turquie. [6] Cependant la filière présente plusieurs contraintes qui retardent le développement du secteur (la non connaissance des potentialités réelles de production et des utilisateurs des PAM, actions de vulgarisation et de formation pour les populations, recherches scientifiques et prospections des marchés...

III. La cosmétologie

1. Généralités [7]

Dans toutes les civilisations, les femmes et les hommes utilisaient des produits disponibles pour améliorer l'aspect esthétique de leur peau et augmenter leur pouvoir de séduction.

L'eau est le principal actif le plus utile, le plus répandu. Il existe deux types de préparations cosmétiques : émulsion d'eau dans l'huile, émulsion d'huile dans l'eau. L'industrie privilégie les émulsions du deuxième type, qui contiennent peu de corps gras, sont faciles à appliquer, et sont riches en eau jusqu'à 95% de leur volume. Cette eau s'évapore légèrement de la préparation appliquée sur la peau. Cette évaporation provoque une sensation de fraîcheur, et de bien être.

Un « produit cosmétique » est toute substance ou tout mélange destiné à être mis en contact avec les parties superficielles du corps humain (épiderme, systèmes pileux et capillaire, ongles, lèvres et organes génitaux externes) ou avec les dents et les muqueuses buccales en vue, exclusivement ou principalement, de les nettoyer, de les parfumer, d'en modifier l'aspect, de les protéger, de les maintenir en bon état ou de corriger les odeurs corporelles. [8]

2. La formulation cosmétique

2.1. Définition [9]

La formulation est l'ensemble des opérations mises en œuvre lors du mélange ou de la mise en forme d'ingrédient (matière première), souvent incompatible entre eux, de façon à obtenir un produit commercial (formule) caractérisé par sa fonction d'usage et répondant à un cahier des charges préétabli. De manière plus simple, la formulation pourra être définie comme la science des mélanges, de la coexistence de substance chimiques sans réaction.

Un produit formulé est obtenu par association et mélange de diverses matières premières d'origine synthétique ou naturelle parmi lesquelles on distingue généralement les matières actives qui remplissent la fonction principale recherchée et les auxiliaires de formulation qui assurent les fonctions secondaires, facilitent la préparation ou la mise en œuvre du produit commercial, ou prolongent sa durée de vie.

2.2. Types de formulation [9]

En pratique, il existe trois types de formulation auxquelles le concepteur du produit se trouve confronté. On distingue alors l'invention d'une nouvelle formule, l'amélioration et l'adaptation d'une formule existante.

• **Invention** : création d'une nouvelle formule ; travail de recherche et développement qui peut demander plusieurs mois.

• **Amélioration d'une formule existante** : celle-ci peut s'avérer nécessaire pour diverses raisons, telles que l'optimisation du rapport performances / prix, la substitution de matières premières (produit plus disponible par exemple), l'adaptation à la législation (suppression d'un constituant toxique, ou réduction de sa teneur pour obtenir un mélange non étiquetable).

• **Adaptation d'une formule** : par exemple, une formule est utilisée en production dans une filiale étrangère, cependant une matière première n'est pas disponible ou autorisée, ou bien les matériels d'application sont différents des autres filiales, etc. (cahier des charges différent).

3. Les formes cosmétologiques

3.1. Les solutions [10]

Une solution est un mélange homogène composé au moins de deux constituants: soluté et solvant, on peut distinguer deux types de solutions :

- **Solutions vraies :**

Une solution vraie résulte d'un mélange homogène de deux ou plusieurs substances.

Exemples :
- Les lotions transparentes ou colorées hydrolat + eau
- Les parfums : huiles essentielles + alcool

- **Solutions colloïdales**

Elle est obtenue par la dissolution de particules de solutés (macromolécules) dans l'eau (solvant).

NB : Macromolécules sont des molécules de grande taille, ex : polymères vinyliques.

Exemples: Gel hydratant, Gel amincissant…

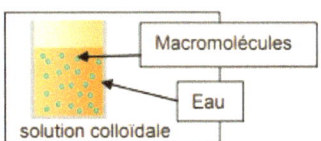

3.2. Les dispersions

Les dispersions sont formées d'une phase **dispersante** (= continue, externe) au sein de laquelle se trouve une phase **dispersée** (= discontinue, interne), fragmentée non miscible à la première, c'est un système multiphasique [11].

Un des inconvénients de l'emploi des dispersions est leur instabilité. Il est en effet très difficile d'obtenir un équilibre naturel parfait lorsque l'on mélange deux phases non miscibles l'une dans l'autre. Pour cela on retrouvera dans la formulation des composants de base essentiels, piliers de la stabilité des dispersions : les tensioactifs [11].

3.2.1. Les émulsions

a. Définition

Les émulsions sont des dispersions d'un liquide dans un autre liquide, non miscible au premier. Elles sont constituées de deux phases, phase grasse et phase aqueuse [12].

La formulation obtenue, qui est une émulsion, peut être décrite comme une dispersion de gouttelettes de l'une des phases dans l'autre (figure 3). On distingue donc une phase dispersée (qui constitue les gouttelettes) et une phase continue (dans laquelle les gouttelettes diffusent) [13].

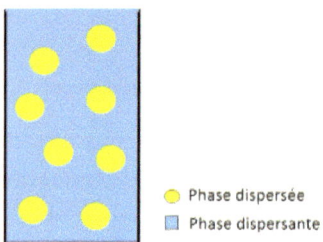

○ Phase dispersée
▢ Phase dispersante

Figure3 : schématique d'une émulsion

Une émulsion possède un aspect macroscopique homogène alors que sa structure microscopique est hétérogène. [14]

b. Types d'émulsions [9]

- **Émulsions simples** :

Elles sont composées d'une phase lipophile, d'une phase hydrophile et d'un émulsifiant. (figure4).

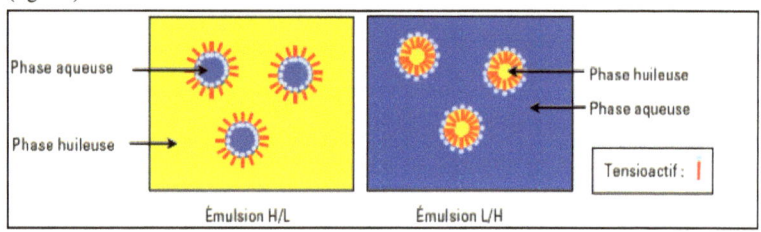

Phase aqueuse
Phase huileuse
Phase huileuse
Phase aqueuse
Tensioactif :
Émulsion H/L   Émulsion L/H

Figure4 : Emulsion H/L et L/H

Suivant que la phase continue est lipophile ou hydrophile, on définit deux types d'émulsions, émulsion eau dans huile E/H si la phase continue est une phase grasse et émulsion huile dans eau H/E si la phase continue et constituée d'un liquide polaire associé.

Remarque : Les symboles utilisés désignent toujours la phase dispersée en premier.

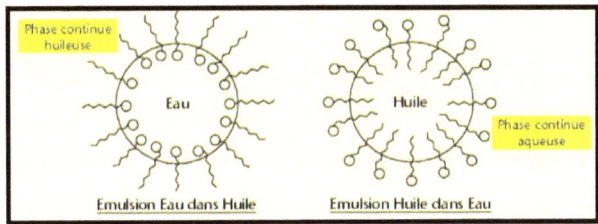

Figure5 : émulsion simple

- **Émulsions multiples :**

Il s'agit d'émulsion ou de dispersion d'une émulsion dans une phase dispersante, la dispersion d'une émulsion E/H dans une phase aqueuse (E) donne une émulsion E/H/E et la dispersion d'une émulsion H/E dans une phase huileuse (H) donne une émulsion H/E/H. Ces deux exemples correspondent au cas le plus simple d'émulsions multiples : les émulsions doubles. On y distingue trois phases : interne / intermédiaire/ externe.

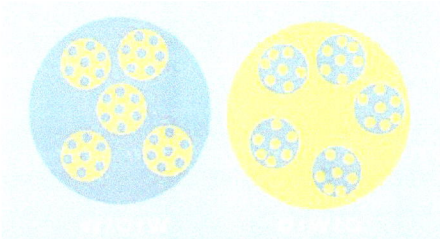

Figure6 : émulsions multiples

c. **Composition d'émulsions** [15]

D'une manière générale, une émulsion est constituée de Phase lipophile et d'une Phase hydrophile et d'Emulsifiant (les émulsifiants sont des petites molécules amphiphiles appelées tensioactifs, surfactifs, surfactants ou agent de surfaces).

d. **Caractéristiques d'émulsions** [15]

- **L'aspect**

L'aspect d'une émulsion dépend de trois paramètres, La taille des gouttelettes en phase dispersée, la concentration de l'émulsion et le rapport d'indice de réfraction entre la phase dispersée et la phase dispersante.

L'aspect des émulsions liquide-liquide dépend principalement de la taille des gouttelettes. En effet, les gouttelettes permettent une transmission plus ou moins importante de la lumière. Plus les gouttelettes sont grosses, plus la diffusion est importante et plus l'émulsion se rapproche de la couleur blanche laiteux. Au contraire, plus les gouttelettes sont fines et plus l'émulsion est transparente (Tableau2).

Tableau4 : Aspect des émulsions

Taille (µm)	Désignation	Couleur
10 à 10^2	Emulsions grossières (macroémulsions)	Blanc laiteux (Gouttes visibles)
1 à 0.1	Emulsions fines (mini-émulsion)	Blanc bleuté (Opalescent)
0.1 à 0.01	Microémulsion	Translucide (transparent)

- **La concentration**

La concentration de l'émulsion, ou concentration de la phase dispersée, se mesure par la fraction volumique de la phase dispersée, c'est-à-dire par le nombre de gouttelettes présentes dans la phase dispersante :

$$\phi = VD / (VD + VC)$$

VD : Volume de la phase dispersée et **VC** : Volume de la phase continue

Ce paramètre est important car il influe sur la stabilité de l'émulsion, sa fabrication et ses propriétés macroscopiques [9]. Le tableau ci-dessous donne les valeurs seuils communément admises pour distinguer entre les différents types d'émulsion en ce qui concerne leur concentration :

Tableau5: Types d'émulsions en fonction de leur concentration

ϕ	Type d'émulsion
< 0,02	Émulsion diluée
0,3 < ϕ < 0,74	Émulsion concentrée
> 0,74	Émulsion très concentrée

Voici quelques exemples en images au microscope d'émulsion :

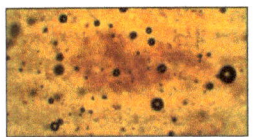 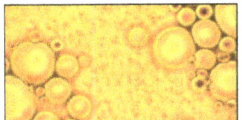 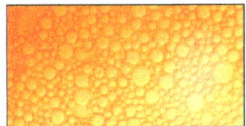

Figure7 : d'émulsion diluée   Figure8 : d'émulsion concentrée Figure9 : d'émulsion très concentrée

- **La granulométrie**

La granulométrie est l'étude de la taille des gouttelettes de la phase dispersée. Elle permet de déterminer les différentes tailles de gouttelettes ainsi que leur diamètre moyen. Dans une émulsion la taille des gouttelettes présentes dans la phase dispersée peut varier. Il existe différentes méthodes pour mesurer la granulométrie d'une émulsion. La méthode la plus simple est l'utilisation d'un microscope optique (Figure10). Elle consiste à prendre une photographie représentative de l'ensemble des gouttelettes de l'émulsion à partir d'un microscope et d'analyser l'image obtenue à l'aide d'un logiciel spécialisé. On obtient ainsi une description numérique et géométrique de l'ensemble des gouttelettes présentes dans l'émulsion.

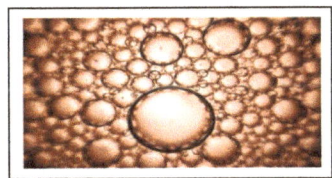

Figure10 : Distribution granulométrique d'une émulsion analysée au microscope

3.2.2. Les suspensions [16]

C'est une dispersion de fines particules solide dans un liquide dans lequel elles sont insolubles. Ce mélange est stable dans le temps grâce à l'ajout d'un stabilisateur appelé gélifiant.

La suspension est composée de 3 parties, une phase dispersante formée par un liquide (ce liquide peut être une solution ou une émulsion), une phase dispersée constituée de fine particules solides et un stabilisant appelé gélifiant.

3.2.3. Les aérosols [16]

C'est une dispersion très fine d'un solide ou d'un liquide dans un gaz.

Figure11 : Emballage des aérosols cosmétiques

L'aérosol est composé d'une phase dispersante formée par un gaz (c'est donc une phase gazeuse, isobutane ou iso propane) et une phase dispersée constituée par un liquide ou de fines particules solides. Cette dispersion détermine le mode d'utilisation. Elle est utilisée pour le conditionnement de produits tels que les déodorants, les shampoings secs, les sprays capillaires, etc.

3.2.4. Les mousses [16]

C'est une dispersion de gaz dans un liquide. Ce liquide peut être une solution ou une émulsion.

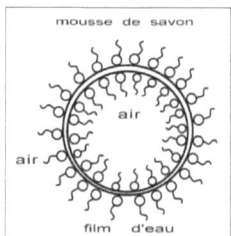

Figur12 : schémas d'une mousse de savon

La mousse est composée de 2 parties, une phase dispersante formée par un liquide (une solution ou émulsion) et une phase dispersée formée par un gaz. Ces dispersions donnent une texture très légère, très « aérienne ». Elles favorisent l'application et l'utilisation du produit (Exemple : mousse coiffante, fond de teint mousse…).

3.2.5. Les poudres [16]

C'est la dispersion d'un solide dans un autre solide. Les particules solides étant les plus souvent des particules, pour réaliser ce mélange il faut ajouter un émulsionnant appelé un raidisseur d'interface. Cette dispersion est composée de 3 parties, une phase dispersée qui est une phase pulvérulente, une phase dispersante qui est aussi une phase pulvérulente et un raidisseur d'interface qui permet le mélange des 2 phases de manière durable dans le temps. Les poudres donnent des produits de texture poudreuse tels que le talc, les poudres compactes visage...

4. Instabilité des dispersions [15]

Cette partie est consacrée aux phénomènes existants pouvant conduire au déphasage d'une dispersion liquide (cas d'émulsion).

- **Coalescence** : Les gouttelettes dispersées fusionnent pour donner des gouttelettes de taille supérieure (figure 13). C'est l'inverse d'une émulsification qui est la fragmentation de grosses gouttes en petites gouttelettes. Ce phénomène aboutit à une rupture de phase (séparation des deux phases).

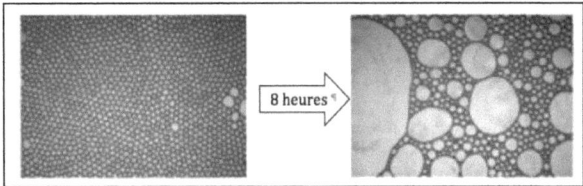

Figure 13 : Coalescence de gouttelettes observée au microscope

- **Mûrissement d'Ostwald** : Lorsque la solubilité entre les ingrédients des phases dispersées et dispersantes n'est pas nulle, les gouttelettes les plus fines de la phase dispersée diffusent dans la phase dispersante d'où le terme de mûrissement (Figure14)

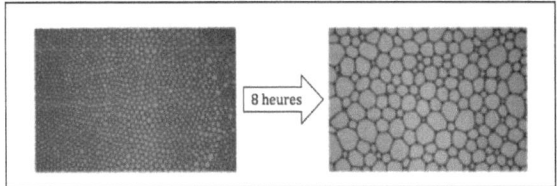

Figure 14 : Mûrissement d'Ostwald observé au microscope

- **Crémage et sédimentation :** La différence de densité entre les phases dispersées et dispersantes est à l'origine du crémage et de la sédimentation.

Le crémage correspond la migration des gouttelettes de la phase dispersée vers le haut tandis que la sédimentation est la migration des gouttelettes vers le bas.

⇨ La force entraînant ces gouttelettes dépend de leur taille, de la différence de densité entre les deux phases ainsi que de la pesanteur. Si la densité est supérieure à celle de la phase dispersante, il y a un crémage. Dans le cas contraire, il y a une sédimentation.

- **Floculation** : Lors de l'agitation, les gouttelettes dispersées dans la phase continue peuvent s'agréger entre-elles pour former des agglomérats. Ce phénomène conduit ensuite à une coalescence des gouttelettes et donc à une rupture de phase.

- **Inversion de phase :** Une inversion de phase est le passage d'une émulsion H/E à une émulsion E/H, ou inversement. Ce phénomène modifie les propriétés du produit.

Il existe deux types d'inversion de phase : une inversion de phase « traditionnelle » (réversible) et une inversion de phase « catastrophique » (irréversible). L'inversion de phase a généralement lieu lors de la préparation ou de la conservation du produit.

Ci-dessous une schématisation récapitulative des différentes migrations de gouttelettes :

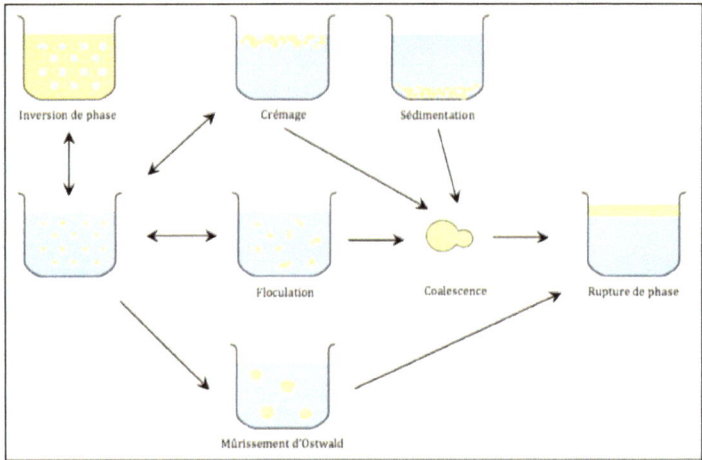

Figure15 : Schémas récapitulatif des différentes migrations de gouttelettes

5. Stabilisation des émulsions

Pour stabiliser une émulsion, on pourra jouer sur quelques phénomènes :

- **Les effets stabilisateurs** [15] : Des substances peuvent être ajoutées à la phase hydrophile et lipophile pour faciliter l'émulsion et/ou participer à sa stabilisation. Ces substances stabilisent l'interface entre les gouttelettes dispersées et la phase dispersante et/ou

19

limitent la rencontre entre les gouttelettes dispersées. On peut distinguer deux mécanismes de stabilisation, La stabilisation stérique et la stabilisation électrostatique (figure 16)

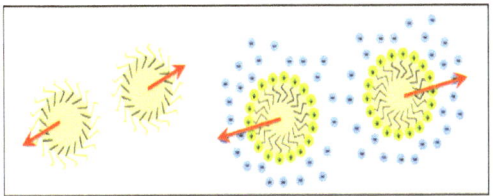

Figure16 : Schémas d'une stabilisation stérique et électrostatique

- **Les émulsifiants** [17]

Les émulsions conventionnelles sont des systèmes thermodynamiquement instables qui se séparent, plus ou moins rapidement, en deux phases. On parle de systèmes hors équilibre. En raison de cette instabilité les émulsions industrielles comportent toujours des émulsifiants, ou émulsionnants, formant un film interfacial, ou film mince, ou membrane interfaciale, autour des globules de phase dispersée. Il s'agit le plus souvent de petites molécules amphiphiles appelées tensioactifs, surfactifs, surfactants ou agents de surface. La schématisation classique des tensioactifs met en évidence un pôle hydrophile et un pôle hydrophobe.

Comment agit une espèce tensioactive ?

Un composé tensioactif est formé de deux parties, une partie hydrophile (ou lipophobe) et une partie hydrophobe (ou lipophile).En présence d'un corps gras (lipide) (figure17), des molécules tensioactives enrobent les gouttelettes du corps gras et se fixent à elles par leur partie hydrophobe pour former des micelles (figure 18).

Grâce à la surface hydrophile des micelles, des liaisons avec des molécules d'eau se forment et stabilisent les émulsions.

$$CH_3 - CH_2 - CH_2 - CH_2 - CH_2 - CH_2 - CH_2 - CH_2 - CH_2 - CH_2 - CH_2 - CH_2 - CH_2 - CH_2 - CH_2 - CO_2H$$
longue chaîne hydrophobe

Figure 17 : structure des lipides

Il existe deux types de micelles : micelles directes et micelles inverses :

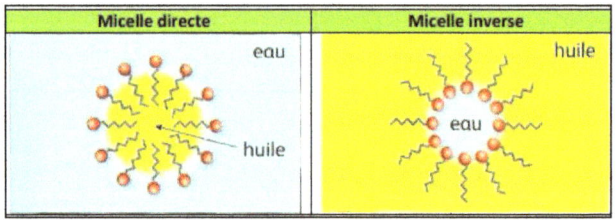

Figure 18: micelle directe et micelle inverse

⇨ Les tensioactifs sont beaucoup utilisés dans les industries cosmétiques. Le tableau 6 présente quelques exemples de tensioactifs ioniques et non ioniques utilisés comme émulsifiants dans l'industrie [15].

Tableau 6 : Exemples de tensioactif ioniques et non ioniques utilisés dans la cosmétologie

		Famille de tensioactifs	Applications
Emulsions cosmétiques	Tensioactifs ioniques	Sels alcalins	Stick déodorant, crème à raser, masque à l'argile
		Alkylsulfates	Stick déodorant, dentifrice, shampooing, gel douche
	Tensioactifs non ioniques	Ethers de Polyéthylène glycol	Masque
		Esters de sorbitane	Crème anti-rides
		Esters de polusorbate	Mascara, fond de teint
		Esters de Polyéthylène glycol	Shampooing
		Esters de saccharose	Soin nettoyant, crème de nuit

- **Additifs modificateur de viscosité** [15]: appelés également agents de texture, sont des molécules qui stabilisent les émulsions en augmentant la viscosité de la phase dispersante.

Il existe des additifs modificateurs de viscosité pour les émulsions de types :

- **aqueuses (H/E)** : Les stabilisateurs d'émulsion H/E, les plus connus sont les épaississants et les gélifiants. En effet, à faible concentration ils ont la faculté d'augmenter la viscosité de la phase hydrophile. Ces additifs modificateurs de viscosité peuvent provenir de glucides, de protéines ou de molécules synthétiques

- **huileuses (E/H)** : Les additifs modificateurs de viscosité pour les émulsions huileuses sont, en général, d'origine synthétique tels que les silices modifiées, les argiles modifiées ou divers polymères organiques. Les agents de texture pour les émulsions huileuses sont beaucoup plus rares étant donné que la viscosité de la phase huileuse est beaucoup plus importe que celle de la phase aqueuse. Ainsi, pour modifier la viscosité de la phase huileuse, il est conseillé de jouer sur la composition de la phase lipophile de l'émulsion.

6. **Réglementation des produits cosmétiques**
   6.1. **Responsabilités**

«Les produits cosmétiques mis sur le marché ne doivent pas nuire à la santé humaine lorsqu'ils sont appliqués dans les conditions normales ou raisonnablement prévisibles d'utilisation, compte tenu notamment de la présentation du produit, de son étiquetage, des instructions éventuelles concernant son utilisation et son élimination, ainsi que tout autre indication ou information émanant du fabricant ou de son mandataire ou de tout autre responsable de la mise sur le marché...»[18]

6.2. **Le dossier d'enregistrement des produits cosmétiques** [18]

L'enregistrement d'un produit cosmétique et d'hygiène corporelle, se fait sous les conditions suivantes :

- La conformité du produit à la définition prévue par la présente circulaire ministérielle
- La déclaration d'ouverture et d'exploitation au Maroc de l'établissement de fabrication, de conditionnement ou d'importation des produits de cosmétologie et d'hygiène corporelle
- La nécessité de personne(s) qualifiée(s) désigné(s) responsable(s) des activités de fabrication, conditionnement, d'importation, des contrôles qualité, de l'évaluation de la sécurité pour la santé humaine, de la détention du stock.
- Le dépôt d'une demande d'enregistrement et d'un dossier technique auprès de la DMP et la fiche de sécurité comportant la formule qualitative et quantitative du produit cosmétique auprès du centre antipoison pour traiter d'éventuel cas d'intoxication

.2.1 La commission consultative d'enregistrement des produits cosmétiques
[18]

La commission de cosmétologie comprend :

> la Direction du Médicament et de la Pharmacie DMP

> le Centre Antipoison et de Pharmacovigilance du Maroc CAPM

> la Direction de l'Epidémiologie et de Lutte Contre les Maladies DELM

> les Professeurs d'enseignement supérieur en dermatologie des facultés de Rabat, Casablanca, Fès et Marrakech

.2.2 Les principales missions de la commission [18]

La commission de cosmétologie a pour principales missions :

> D'examiner les dossiers de demande d'enregistrement et de renouvellement d'enregistrement des produits cosmétiques et d'hygiène corporelle.

> De donner un avis sur lequel le ministre de la santé se base pour l'octroi du certificat d'enregistrement ou de son renouvellement.

> De donner un avis sur toutes les questions de suspension, de retrait ou d'interdiction de vente d'un produit cosmétique et d'hygiène corporelle et de cosmétovigilance.

6.3.   Etiquetage [19]

Les récipients et/ou emballages doivent porter, en caractères indélébiles, facilement lisibles et visibles (article R5131-4 du Code de la santé publique)

- Le nom ou la raison sociale et la ou les adresses du fabricant ou du responsable de la mise sur le marché.

- Le contenu nominal au moment du conditionnement, indiqué en masse ou en volume, sauf pour les emballages contenant moins de 5 grammes ou moins de 5 millilitres et pour les échantillons gratuits et les unidoses. Cette mention permet de comparer les prix.

- La date de durabilité minimale (date de péremption avant ouverture). Attention, la législation qui stipule que cette indication n'est pas obligatoire si elle excède 30 mois, n'est plus en vigueur.

- Sur l'emballage, un symbole représente un pot de crème ouvert avec la lettre M suivie d'un nombre. Par exemple, M 18 signifie : à utiliser dans les 18 mois qui suivent l'ouverture.

- NB : Pour les cosmétiques entamés voici quelques règles à suivre : les crèmes et les fonds de teint se conservent 6 mois à 1 an après ouverture, le mascara moins de 6 mois, le rouge à lèvres, 1 à 2 ans, les poudres, blush et fards à paupières, plusieurs années.

- Le numéro de lot de fabrication ou la référence permettant l'identification de la fabrication.

- Les précautions particulières d'emploi.
- Les fonctions du produit. La liste complète des ingrédients dans l'ordre décroissant de leur importance pondérale. Les ingrédients qui représentent plus de 1% du produit sont listés dans l'ordre décroissant de leur masse (ceux qui pèsent le plus lourd en premier). Ensuite, les ingrédients qui représentent moins de 1% du produit peuvent être mentionnés dans le désordre en bas de la liste. En pratique, les 3 ou 4 premiers ingrédients de la liste sont les plus importants.
- un symbole d'étiquetage : logo (livre ouvert) de renvoi à la notice ;

Chapitre III : Recherche & innovation

La tache qui m'a été attribuée dans l'entreprise, était la recherche des bienfaits et vertus des plantes pour arriver à des produits cosmétiques naturelles, en respectant la démarche de fabrication industrielle de l'entreprise mais en faire preuve du sens d'innovation et de création.

1. Démarche de fabrication des produits

La démarche que j'ai suivie au cours de ce stage est la suivante :

❶ Définir le besoin ou bien le problème corporel (chute des cheveux, rides…)

❷ Choix des ingrédients, en recherchant des plantes qui présentent une efficacité de résoudre le problème.

❸ Prendre un échantillon de la matière première (plante sèche)

❹ Macération hydro alcoolique (70% alcool, 30% eau), sur un ultrason (figure19), d'une durée varie entre de 2 à 4 heures. Cette étape permet d'extraire le principe actif.

Figure 19 : Ultrason numérique pour la préparation des extraits de plantes

❺ Evaporation sous vide, à fin d'éliminer le solvant et obtenir un extrait sec.

❻ Demander la formule de base et le procédé de fabrication du produit souhaitable du responsable du R&D et commencer la formulation.

❼ Après avoir terminé la formulation, il faut faire tous les analyses nécessaires pour s'assurer de la qualité du produit fini.

2. Les projets personnels formulés :

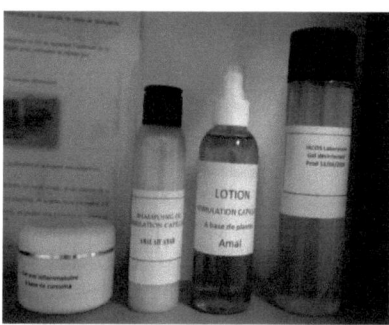

Figure 20 : projets personnels formulés

2.1 Shampoing et lotion de stimulation capillaire

↓ Plantes utilisées :

Tableau7 : plantes utilisées dans le shampoing et le lotion

plante	Description botanique	Principes actifs	Vertus
Spirulina maxima (algue)	▪une micro-algue de forme spiralée C'est un organisme autotrophe ▪Se multiplie très rapidement, dès que la température de l'eau dépasse 30 °C ▪Couleur verte ▪Cyanobactérie	**bêta-carotène, minéraux** (Fe, Mg, Ca, P, K, Se, Na, Cr), **Vitamines** (A, B1, B2, B3, B6, B7, B8, B12, D, E, K), acides aminés…	▪Favorise la pousse des cheveux ▪Fortifier les cheveux ▪Améliorer l'aspect global des cheveux (volume, brillance, douceur…)
Arnica montana	▪de la famille des Astéracées. ▪C'est une plante herbacée vivace. ▪dégage un léger parfum suave. ▪Couleur jaune orangé.	flavonoïdes, des huiles essentielles, des coumarines, des tanins et des résines ..	▪accélère la pousse des cheveux ▪stimule la circulation du sang et renforce vos racines. ▪maintien d'une brillance naturelle

		Protéines, flavonoïdes, sels minéraux (Ca, K, Se), vitamines A et C, acides phénols, scopolétol, sitostérol, lipides, sucres, acides aminés, polysaccharides, lectine, lignanes, tanins.	•renforcer les cheveux •Régule le sébum pour les cheveux gras •apaise les états pelliculaires
Urtica dioica	•famille des urticacées • plante herbacée, vivace •couleur verte		
Allium sativum	•Plante médicinale •de la famille des liliacées, comme l'oignon, l'échalote ou le poireau. •Il s'agit d'une plante herbacée. •couleur (blanche, rose ou violette).	l'alliine, l'allinase, l'allicine, l'allithiamine, les allistatines antibiotiques, la garciline, la nicotinamide, l'iodine biologique, le souffre biologique, la vitamine A et bon nombre d'oligo-éléments.	•Lutte efficacement contre la chute des cheveux. •Favorise la repousse au niveau du bulbe capillaire. •Assainit le cuir chevelu et combat les pellicules. •Donne un bel éclat aux cheveux secs et fragiles.
Hibiscus rosa	•Arbuste de la famille des Malvacées (comme la mauve) •Couleur de la fleur : rouge	acides organiques dont principalement de l'acide citrique ; anthocyanosides ; flavonoïdes ; polysaccha rides ; stérols ; mucilages ; eugénol.	•Il stimule la croissance de la chevelure •prévient l'apparition des fourches •donne une brillance

⁘ **Références du produit**

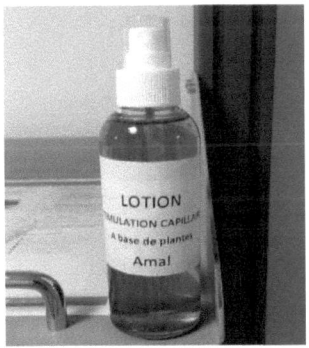

Figure21 : photo de produit final (lotion)

Catégorie du produit : lotion cheveux   Couleur : marron transparent

Nature physique : solution homogène   Packaging : bouteille en plastique avec spray

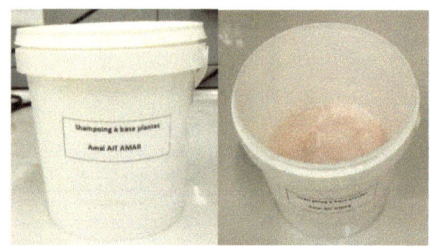

Figure 22 : photo du produit final (shampoing)

Catégorie du produit : Shampoing   Couleur : Rose claire

Nature physique : Gel   Packaging : bouteille en plastique

2.2 Gel contre les articulations musculaires

➕ **Plantes utilisées :**

Tableau8 : plantes utilisées dans le gel anti inflammatoire

plante	Description botanique	Principe actif	Vertus
Curcuma longa	▪ Le curcuma est une plante herbacée rhizomateuse, vivace. ▪ de la famille des Zingibéracée	Curcumine	Anti inflammatoire

➕ **Références du produit**

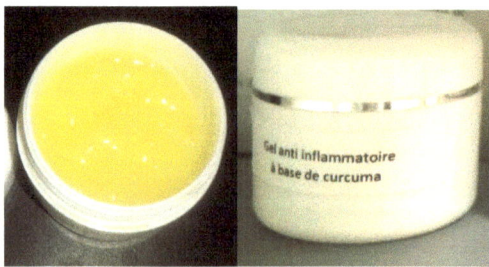

Figure 23 : photo du produit final : Gel anti inflammatoire

Catégorie du produit : Gel anti inflammatoire   Couleur : Jaune claire transparent

Nature physique : Gel   Packaging : bouteille en plastique

2.3 Gel désinfectant

♦Plantes utilisées :

Tableau9 : plantes utilisées dans le gel désinfectant

Plante	Description botanique	Principe actif	Vertus
Thymus vulgaris	▪ est un sous-arbrisseau de la famille des Lamiacées ▪ Couleur verte	**Thymol, géraniol, linalol, flavonoïdes** (apigénol, lutéolol, etc.)	▪ un formidable antiseptique ▪ antibactérienne ▪ antifongique
Rosmarinus officinalis	▪ est un arbrisseau de la famille des Lamiacées ▪ feuilles de couleur blanche	Essences de camphre, de cinéol, de verbénone ou de pinènes	▪ antimycosique ▪ antibactérien.
Eucalyptus globulus	▪ de la famille des Myrtacées ▪ couleur jaune pâle ▪ odeur fraîche	l'eucalyptol	▪ antifongique ▪ anti-infectieux ▪ antibactérien, ▪ antiviral

♦ Références du produit

Figure24 : Photo du produit final (Gel désinfectant)

Catégorie du produit : Gel désinfectant   Nature physique : Gel

Packaging : bouteille transparente en plastique   Couleur : jaune foncé transparent

Conclusion

Dans ce stage la tâche qui m'a été attribuée, était le passage de la nature et spécifiquement par des plantes aromatiques et médicinales pour arriver à une application utile dans le domaine de la cosmétologie, la chose qui m'a donné l'opportunité de découvrir un nouveau domaine de travail qui répond à mes aspirations professionnelles futures. Je garde cette expérience un excellent souvenir valorisant et encourageant pour mon avenir.

L'objectif a été atteint, mais sans cette pandémie j'aurai l'occasion de fabriquer plus de produits qui étaient dans l'esprit, et de faire les analyses nécessaires qui sont très importants à déterminer la qualité de ces produits.

En fin, je tiens à exprimer ma satisfaction d'avoir pu travaillé avec une équipe d'employés professionnels, dans de bonnes conditions et un environnement agréable.

Abréviations

PAM : Plantes Aromatiques et Médicinales

OMS : Organisation Mondiale de la Santé

DMP : Direction du Médicament et de la Pharmacie

CAPM : Centre Antipoison et de Pharmacovigilance du Maroc

DELM : Direction de l'Epidémiologie et de Lutte Contre les Maladies

Références

[1] Benabid A. Flore et écosystèmes du Maroc : évaluation et préservation de la biodiversité. Paris : Ibis Press.

[2] Etude phytochimique et activités biologiques des extraits et des huiles essentielles de foeniculum vulgare mill. *Par* Imen Jdidi Institut national agronomique de Tunisie - 2015.

[3] Développement et valorisation des plantes aromatiques et medicinales (pam) au niveau des zones desertiques de la région MENA (Algérie, Egypte, Jordanie, Maroc et Tunisie) Neffati M. et Sghaier M. Août 2014

[4] Strategie nationale de developpement des plantes aromatiques et medicinales spontannees baba driss Chef de la Division de l'Économie Forestière Haut Commissariat aux Eaux et Forêts et à la Lutte Contre la Désertification Octobre 2015

[5] Les plantes aromatiques et médicinales Les plantes aromatiques et médicinales, Un exemple de développement humain au Maroc la coopérative féminine de Ben Karrich – Tétouan exposition photographique Jean-Christophe Tardivon et Chadouli Si-Mohamed du 5 novembre au 8 décembre 2012

[6]https://fnh.ma/article/alaune/plantes-aromatiques-et-medicinales-une-filiere-a-fort-potentiel-a-l-export

[7] https://causam.fr/index.php/medecine-et-sante-encyclopedie/689-cosmetiques-generalites

[8]https://www.ansm.sante.fr/Declarer-un-effet indesirable/Cosmetovigilance/Cosmetovigilance/La-cosmetovigilance/Liste-des-produits-cosmetiques

[9] Mémoire de Fin d'études pour l'obtention du Master Chimie de Formulation Industrielle Intitulé: « Etude de la qualité d'une formulation cosmétique ». M. Zakaria BOUARAB 2016-2017

[10] http://sbssa.spip.ac-rouen.fr/IMG/pdf/differentes_formes_galeniques_des_p.c.h.c._prof-2.pdf

[11] http://www.cosmeticofficine.com/produits-cosmetiques/les-formes-galeniques/dispersions/

[12] Introduction à la cosmétologie, Présentation ITM nov. 08. Michèle DECLERCQ

[13] Techniques de l'Ingénieur, traité Génie des procédés « Émulsification Élaboration et étude des émulsions » par Pascal BROCHETTE

[14] Projet Professionnel 2017-2018 Les émulsions alimentaires et cosmétiques tuteur de projet: florentin michaux Auteurs: Laurine CAULLET, Alexandra DOS SANTOS, Geoffrey KNIPPER, Margaux RUSALEN et Marie SEIGNEUR

[15]Formulation cosmétique, les émulsions, M.-L. Dupasquier, A. Nazari, F. Fontaine-Vive, X. Fernandez, J. Golebiowski, CDIEC, Université de Nice Sophia Antipolis

[16] http://storage.canalblog.com/82/67/626667/41271598.pdf

[17] Opérations unitaires en génie biologique, Les émulsions. Olivier Doumeix Professeur agrégé de Biochimie – Génie biologique

[18] Direction du médicament et de la PHARMACIE : Circulaire N° 48 DMP/20 Objet : Cadre relatif à l'enregistrement des produits cosmétiques

[19] Mlle. Nadia ELKASSOUANI Thèse N°:99/13 Les produits cosmétiques pour les soins du visage.

Annexe 1

Tableau2 : Principales PAM spontanées

Nom français	Nom en arabe (dialecte marocain)	Image
Romarin	Azir	
Armoise blanche	Chih ifzi	
Thym	Zaâtar	
Laurier noble	Wraq sidna moussa	
La camomille sauvage	Babonj, Hallal	
Caroubier	Kharroub	
La lavande	Khzama	
Le lentisque	Drou , Tidekt	
le myrte	Raihan , Hbak	

Tableau3 : Principales PAM cultivées

Nom français	Nom en arabe (dialecte marocain)	Image
henné	Al henna	
géranium	Laatarcha	
La rose	Al ward	
Le jasmin	yasmine	
La verveine	Louiza	
La menthe	Naanaa	
Le Safran	Zaafran	

Note de l'éditeur : les images ont été supprimées pour des raisons de droits d'auteur.

SUR GRIN VOS CONNAISSANCES SE FONT PAYER

- Nous publions vos devoirs
  et votre thèse de bachelor et master

- Votre propre eBook et livre –
  dans tous les magasins principaux du monde

- Gagnez sur chaque vente

Téléchargez maintentant sur www.GRIN.com
et publiez gratuitement